Manuel Schneider

Mythen der Landwirtschaft

Argumente für eine ökologische Agrarkultur
Fakten gegen Vorurteile, Irrtümer und Unwissen

Recycling-Papier – ein Beitrag zum aktiven Umweltschutz

Zum Autor:

Dr. Manuel Schneider, geb. 1959, wissenschaftlicher Geschäftsführer der Schweisfurth-Stiftung in München. Veröffentlichungen zum Thema (Zeit-)Ökologie, Natur- und Tierethik, Landwirtschaft, Ernährung und Nachhaltigkeit.

Verfasser und Mitherausgeber u.a folgender Bücher: "Die Natur ins Recht setzen" (Karlsruhe 1992), "Kommunen entdecken die Landwirtschaft" (Heidelberg 1995), "Zeit-Fraß. Zur Ökologie der Zeit in Landwirtschaft und Ernährung" (München 1995/2000), "Bodenlos – Zum nachhaltigen Umgang mit Böden" (München 1997), "Nachhaltiger Umgang mit Böden – Initiative für eine internationale Bodenkonvention" (München 1999), "Den Tieren gerecht werden – Zur Ethik und Kultur der Mensch-Tier-Beziehung" (Kassel 2001).

Anschrift: Schweisfurth-Stiftung, Südliches Schloßrondell 1, 80638 München,
E-mail: schneider@schweisfurth.de

Manuel Schneider

Mythen der Landwirtschaft

Argumente für eine ökologische Agrarkultur
Fakten gegen Vorurteile, Irrtümer und Unwissen

2., erweiterte Auflage

mit einem Anhang
"BSE und Öko-Landbau"

Schweisfurth-Stiftung

SÖL-Sonderausgabe Nr. 76

Stiftung Ökologie & Landbau

Alle in diesem Buch enthaltenen Angaben, Ergebnisse usw. wurden vom Autor nach bestem Wissen erstellt und von ihm sowie der Stiftung Ökologie & Landbau mit größtmöglicher Sorgfalt überprüft. Dennoch sind inhaltliche Fehler nicht völlig auszuschließen. Daher übernehmen Verlag und Autor keinerlei Verantwortung und Haftung für etwa vorhandene inhaltliche Unrichtigkeiten.

Die Deutsche Bibliothek – CIP-Einheitsaufnahme

Schneider, Manuel:
Mythen der Landwirtschaft : Argumente für eine ökologische Agrarkultur / Fakten gegen Vorurteile, Irrtümer und Unwissen / Manuel Schneider, Schweisfurth-Stiftung. – Veränd. Aufl.. – Bad Dürkheim: Stiftung Ökologie und Landbau, 2001
(SÖL-Sonderausgabe ; Nr. 76)
ISBN 3-934499-40-6

Weinstraße Süd 51, D-67098 Bad Dürkheim, E-mail: info@soel.de
Schweisfurth-Stiftung
Südliches Schloßrondell 1, D-80638 München, E-mail: info@schweisfurth.de

Satz: Sandra Filic (München)
Titelbild (Foto): Kurt Schubert (© Schweisfurth-Stiftung)
Druck: db drucken + binden gmbh, D-80799 München

ISBN 3-934499-40-6

Inhaltsverzeichnis

Vorbemerkung zur 2. Auflage

„Der BSE-Skandal markiert das Ende der Landwirtschaftspolitik alten Typs. Wir stehen vor einem Scherbenhaufen." So begann am 8. Februar 2001 die neue Ministerin für Verbraucherschutz und Landwirtschaft, Renate Künast, ihre Regierungserklärung. Seitdem wird in Deutschland auf breiter gesellschaftlicher Basis über eine anstehende „Agrarwende" diskutiert. Dabei gewinnt der ökologische Landbau – jahrelang von offizieller Seite kaum wahrgenommen – als ein Leitbild für die Ökologisierung der Land- und Lebensmittelwirtschaft immer mehr an Bedeutung.

Dieses wachsende Interesse ließ sich auch am Verkauf der ersten Auflage dieses Buches ablesen, die bereits nach einem halben Jahr vergriffen war. Die nun vorliegende Neuauflage wurde inhaltlich überarbeitet und aktualisiert sowie um einen Anhang zur BSE-Krise ergänzt.

München, im Frühjahr 2001 *Manuel Schneider*

Vorwort

Landwirtschaft geht uns alle an, denn wir alle leben von den Früchten des Landes. Gleichwohl ist in der heutigen, urban geprägten Gesellschaft der Bezug zum Land und seinen Produkten weitgehend verlorengegangen. Obwohl „lebens-notwendig", ist die Landwirtschaft den meisten gleichgültig. Immer wieder muß man die Erfahrung machen, wie *wenig* Menschen, selbst die Interessierten und Gebildeten unter ihnen, von der Landwirtschaft und der Herkunft ihrer Lebensmittel wissen.

Stattdessen erlebt man in Diskussionen und Gesprächen, daß in der Gesellschaft bestimmte vorgefaßte Meinungen und „Bilder" sowohl von der konventionellen als auch von der ökologischen Landwirtschaft vorherrschen. Vorstellungen und Behauptungen, die oftmals auf Unkenntnis, Vorurteilen und Irrtümern beruhen und sich wie „Mythen" in den Köpfen der Menschen festsetzen. Durch sie wird eine sinnvolle öffentliche Diskussion über die Zukunft der Landwirtschaft und unserer Ernährung unnötig erschwert.

In der vorliegenden Broschüre werden zehn solcher „Mythen" aufgegriffen und auf ihren Wahrheitsgehalt hin geprüft. Der Verfasser hat seine zentralen Aussagen gut belegt und versucht, möglichst „objektiv" zu sein. Gleichwohl soll nicht verschwiegen werden, daß wir mit dieser Broschüre nicht nur *aufklären*, sondern auch *überzeugen* wollen; überzeugen mit Argumenten für eine möglichst umfassende und tiefgreifende Ökologisierung der Landwirtschaft sowie für eine Erzeugung von Lebens-Mitteln, die dem Anspruch dieses Wortes gerecht werden. Es ist ein Anliegen sowohl der Schweisfurth-Stiftung als auch der Stiftung Ökologie & Landbau (SÖL), den ökologischen Landbau und mit ihm die Verbreitung einer ökologischen Agrar- und Eßkultur zu fördern. Dies aus der Überzeugung heraus, daß der von ökologisch wirtschaftenden Bäuerinnen und Bauern praktizierte sorgsame Umgang mit dem Boden, den Pflanzen und den Tieren sowie die schonende und werterhaltende Verarbeitung der Produkte zu Lebens-Mitteln von hoher gesundheitlicher, ökologischer und ethischer Qualität unser aller Unterstützung verdient.

Der ökologische Landbau gewinnt zur Zeit zweifellos an Bedeutung. Zum einen, weil die Zahl der Betriebe, die „umstellen", auf der ganzen Welt von Jahr zu Jahr wächst und der ökologische Landbau aus seiner Marktnische mit großen Schritten heraustritt. Zum anderen, weil in den letzten Jahren das Ausmaß ernährungsbedingter Erkrankungen bei Kindern und Erwachsenen in besorgniserregendem Ausmaß zugenommen hat und immer mehr Ernährungsfachleute in einer ökologischen Agrar- und Eßkultur eine Alternative zu Fast Food und industrieller Nahrung sehen.

Der ökologische Landbau gewinnt aber auch an Bedeutung in jenem Such- und Diskussionsprozeß über Nachhaltigkeit („sustainability"), der seit der UN-Konferenz über Umwelt & Entwicklung in Rio 1992 an Dynamik und politischer Verbindlichkeit gewonnen hat. Gemeint ist etwas ebenso Notwendiges wie Schwieriges. Nämlich die Herausforderung, unsere Wirtschafts- und Lebensweise so umzugestalten, daß sie *langfristig* tragfähig ist und nicht – wie bisher – auf Kosten der Umwelt oder nachfolgender Generationen und/oder der Menschen in den armen Ländern des Südens geht. Kaum einer, der politisch und sozial denkt, kann sich dieser Aufgabe verschließen, viele reden von „Nachhaltigkeit", aber keiner weiß so recht, was das ist, und ob es so etwas überhaupt schon gibt.

Diese Wissenslücke kann der Öko-Landbau füllen. Denn es dürfte wenige Bereiche in unserer Gesellschaft geben, wo bereits – wie hier – *seit Jahrzehnten* mit Erfolg nachhaltig gewirtschaftet wird. Nachhaltigkeit: eine Forderung, die unsere Konsumgesellschaft erst mühsam zu buchstabieren lernt, gehört von jeher zum Kern einer ökologischen Agrar-Kultur. Sie ist ihr nicht wesensfremd, sondern geradezu die Grundlage ihrer Produktivität. Der ökologische Landbau ist so betrachtet keine „Nische der Seligen", sondern eher eine gesellschaftliche Avantgardebewegung, die eine Richtung vorgibt, in die sich die gesamte Gesellschaft noch zu entwickeln hat. Und das Gute daran ist: jede(r) kann an ihr teilnehmen, indem er oder sie an der Ladentheke sich für Lebensmittel aus ökologischem Anbau entscheidet.

Wir würden uns freuen, wenn diese Broschüre dazu beiträgt, daß immer mehr Menschen dies mit gutem Wissen und Gewissen tun.

München / Bad Dürkheim, im Sommer 2000

Karl Ludwig Schweisfurth
Kuratoriumsvorsitzender
Schweisfurth-Stiftung

Immo Lünzer
Vorstand
Stiftung Ökologie & Landbau (SÖL)

Danksagung

Eine Broschüre wie diese erfordert die Mitarbeit und das Mitdenken vieler. Auf eine erste Version des Textes erhielt ich von verschiedenen Fachleuten kritische Anmerkungen und Kommentierungen, die ich versucht habe, so weit wie möglich aufzunehmen. Ich bedanke mich für so manchen Hinweis auf Fehlerhaftes und Mißverständliches sowie auf größere und kleinere Lücken in der Argumentation bei Prof. Dr. Helmut Bartussek, Prof. Dr. Arnim Bechmann, Prof. Dr. Engelhard Boehncke, Oliver Emmes, Thomas Fisel, Dr. Anita Idel, Immo Lünzer, Dr. Günter Postler, Lutz Ribbe, Frieder Thomas, Dr. Helga Willer, Dr. Uli Zerger. Ganz besonderer Dank geht an Dr. Karl von Koerber für seine zahlreichen Verbesserungsvorschläge sowie an Michael Miersch für die publizistische Beratung bei der ersten Textversion. Für die verbliebenen „Vorurteile und Irrtümer" meinerseits liegt die Verantwortung gleichwohl allein bei mir.

Manuel Schneider

1. Mythos

„Die Menschen hungern, weil es weltweit nicht genug zu essen gibt. Deshalb brauchen wir mehr Agrarchemie, Kunstdünger und Gentechnik."

Richtig daran ist: Zirka 800 Millionen Menschen weltweit haben nicht genügend zu essen und 30 Millionen Menschen verhungern jährlich.

Das liegt jedoch nicht daran, daß zu wenig Lebensmittel produziert werden. Teilt man die weltweit vorhandene Nahrung durch die Zahl der zur Zeit lebenden Menschen, könnte jeder Erdenbewohner jeden Tag satt werden: Rein rechnerisch stehen täglich pro Kopf zur Verfügung: über ein Kilo Getreide und Hülsenfrüchte, rund ein halbes Kilo Fleisch, Milch und Eier sowie ein halbes Kilo Obst und Gemüse.[1]

Nie zuvor waren Lebensmittel in solchem Überfluß vorhanden.[2] Dies gilt nicht nur für die reichen Industrieländer, in denen die Zahl der übergewichtigen Menschen in den letzten Jahren rapide zugenommen hat. (Über die Hälfte der amerikanischen Bevölkerung ist nach Standards der Weltgesundheitsorganisation (WHO) übergewichtig; weltweit gibt es bereits ebenso viele übergewichtige wie unterernährte Menschen![3]) Auch in den Entwicklungsländern gibt es reiche Ernten, und zwar nicht selten in unmittelbarer Nachbarschaft hungernder Menschen. Rund 80 Prozent aller unterernährten Kinder unter fünf Jahren leben in Ländern, die Nahrungsmittel*überschüsse* produzieren.[4]

Warum hungern und verhungern dennoch Millionen Menschen? Sie werden – so die WHO – daran gehindert, Nahrung für den eigenen Bedarf anzubauen oder zu kaufen.[5] Die Ursachen hierfür sind vielfältig, haben jedoch selten etwas mit der Produktivität der Landwirtschaft zu tun. Die Entwicklungsländer sind vielmehr hoch verschuldet und exportieren daher zwecks Devisenbeschaffung Lebensmittel, Futtermittel und andere Agrarprodukte (sog. „cash crops") in die reichen Länder des Nordens - häufig selbst dann, wenn die eigene Bevölkerung hungert. Vielfach fehlt den Menschen auch das Geld, um die durchaus vorhandenen Lebensmittel zu kaufen.[6] Hinzu kommen staatliche Mißwirtschaft, Landvertreibung durch Großgrundbesitzer, Kriege oder Bürgerkriege sowie ein niedriges Bildungsniveau in der Bevölkerung. *Menschen hungern, weil sie arm und machtlos sind.* Die großen Hungersnöte der vergangenen Jahrzehnte - Äthiopien, Somalia, Sudan - hatten immer politische Ursachen.

Trotz einer angespannten Ernährungslage werden ungeheure Mengen von Nahrungsmitteln *an Tiere* verfüttert. Weltweit landen rund 40 Prozent der Getreideernten in den Futtertrögen der Tiere. In Deutschland wird bereits mehr als die Hälfte des angebauten Getreides als Tierfutter verwendet.[7] Von der *gesamten* pflanzlichen Produktion dienen in Deutschland sogar 80 Prozent der Tierernährung.[8] Auch dies zeigt, daß die These vom Mangel an Nah-

Kalorienverschwendung durch Getreidefütterung
(benötigte Futterkalorien zur Produktion von 1 Kalorie tierischer Nahrung)

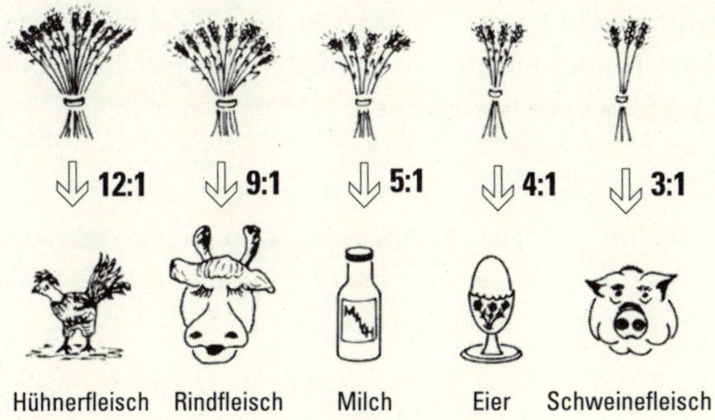

Quelle: I. Mühleisen: Gute Argumente: Ernährung, München 1988

rungsmitteln falsch ist. Die globale Zahl der landwirtschaftlichen Nutztiere hat inzwischen die Zwanzig-Milliarden-Grenze überschritten. Über 1,3 Milliarden Rinder, fast eine Milliarde Schweine, 1,8 Milliarden Schafe und Ziegen sowie 13 Milliarden Hühner leben heute - neben weiteren Nutztieren - auf dem Planeten, um uns Menschen als Nahrung zu dienen bzw. uns mit Milch und Eiern zu versorgen.[9]

Früher wurden Tiere mit Gras, Heu und Abfällen gefüttert, also mit Futtermitteln, die für Menschen nicht verwertbar sind (wie dies auch heute noch bei kleinbäuerlichen Betrieben in den Entwicklungsländern oder bei uns in der Grünlandbewirtschaftung, etwa in den Bergregionen, üblich ist). Gibt man den Tieren jedoch Getreide oder Soja als Futter, treten diese in Nahrungskonkurrenz zum Menschen. Eine immense Kalorienverschwendung: Zur Erzeugung von einem Kilo Rindfleisch werden bis zu neun Kilo Getreide verfressen, bei Hühnerfleisch sogar bis zu zwölf Kilo (*s. Abb.*). Um das Fleisch für einen Hamburger zu erzeugen, muß ein Bauer etwa so viel Getreide verfüttern wie ein Bäcker für drei Brote benötigt.[10] Getreidemast in der Tierhaltung ist eine gigantische Kalorien- und Eiweißverschwendung zu Lasten der Armen und Hungernden auf dieser Welt.

Wir brauchen daher nicht die Gentechnik oder eine weitere Intensivierung der Landwirtschaft, um den weltweiten Hunger zu bekämpfen, sondern länderübergreifende politische Programme, die gegen die *wahren* Ursachen des Hungers vorgehen.

Fazit: *Es gibt genug zu essen auf der Welt. Menschen hungern, weil sie arm sind, nicht weil Nahrungsmittel fehlen. Ein Großteil der weltweiten Ernten wird an Vieh verfüttert, statt sie für menschliche Nahrungszwecke zu nutzen.*

Quellen:

(1) Food and Agriculture Organization (FAO): Production Yearbook 1995 (vol. 49). Rome (FAO) 1996.
(2) Food and Agriculture Organization (FAO): Production Yearbook 1992 (vol. 46). Rome (FAO) 1993.

(3) G. Gardner & B. Halweil: Underfed and Overfed – The Global Epidemic of Malnutrition. (Worldwatch Paper 150) March 2000, pp. 13-14.

(4) F.M. Lappé, J. Collins, P. Rosset: World Hunger – 12 Myths. (2nd ed.), New York 1998, S. 9.

(5) R. D. North: Life on a Modern Planet. Manchester 1995.

(6) K. v. Koerber & J. Kretschmer: Zukunftsfähige Ernährung: Gesundheits-, Umwelt-, Wirtschafts- und Sozialverträglichkeit im Lebensmittelbereich. In: Zeitschrift für Ernährungsökologie, Band 1, Nr. 1, (2000), S. 39-49, insb. S. 41-43.

(7) Bundesministerium für Ernährung, Landwirtschaft und Forsten (Hg.): Statistisches Jahrbuch 1997. Münster 1997, S. 91 u. 121.

(8) Bundesministerium für Umwelt, Naturschutz und Reaktorsicherheit (Hg.): Auf dem Weg zu einer nachhaltigen Entwicklung in Deutschland. Bonn 1997, S. 57.

(9) M. Gleich, D. Maxeiner, M. Miersch, F. Nicolay: Life Counts – Eine globale Bilanz des Lebens. Berlin 2000, S. 221 f..

(10) J. Lutzenberger & F.-Th. Gottwald: Wege aus der Ernährungskrise. Frankfurt am Main 2001, S. 170, (1999 erstmalig erschienen unter dem Titel: Ernährung in der Wissensgesellschaft. Vision: informiert essen. (Buchreihe zu den Themen der EXPO 2000, Band 7) Frankfurt am Main / New York).

2. Mythos

„Die Öko-Bauern können nicht genügend Lebensmittel produzieren, um alle Menschen zu ernähren."

Richtig daran ist: Öko-Bauern produzieren im Durchschnitt weniger als Landwirte, die Kunstdünger und Agrarchemikalien einsetzen und ihre Tiere intensiv mit Kraftfutter und sog. „Leistungsförderern" füttern.

Die Erträge der Bio-Bauern fallen durchschnittlich bis zu einem Drittel geringer aus als im konventionellen Landbau (mit großen Schwankungen je nach Standort, Tierart und angebauten Pflanzen). Dies entspricht in etwa der Höhe der landwirtschaftlichen *Überschüsse*, die in der EU - mit erheblicher Subventionierung aus Steuergeldern - produziert und zum Teil auch wieder vernichtet werden.

Insofern wäre in Deutschland wie in Europa - rein rechnerisch - die Versorgung der Bevölkerung mit Lebensmitteln *trotz* der Ertragseinbußen durch eine flächendeckende Umstellung auf ökologischen Landbau sichergestellt.[1] Eine Untersuchung aus den USA stellt fest, daß auch in Nordamerika eine völlige Umstellung auf Öko-Landbau nicht zu einer Knappheit bei Lebensmitteln führen würde.[2] Europa und Nordamerika könnten sich also ohne weiteres mit Lebensmitteln aus ökologischem Landbau versorgen.

Für die Welt als Ganzes gibt es bisher keine vergleichbaren Berechnungen. Jedoch wurden in einigen Ländern des Südens entsprechende Zahlen ermittelt. So erzielten Biobetriebe in Indien, Tansania und Senegal laut einer jüngst veröffentlichten Untersuchung gleich hohe oder sogar höhere Ernten als die konventionellen Vergleichsbetriebe.[3] Mexikanische Kleinbauern, die ohne Pestizide und Kunstdünger wirtschaften, ernten durch geschickte Mischung der Feldfrüchte 15 Tonnen Nahrungsmittel pro Hektar. Chemieintensive Maisplantagen in der gleichen Region kommen als Monokulturen nur auf sechs Tonnen.[4]

Wenn der übermäßige Fleischkonsum in den reichen Ländern, der aus gesundheitlichen, ökologischen, sozialen und - nicht zuletzt - aus tierschützerischen Gründen problematisch ist,[5] gesenkt würde, ließen sich zudem erhebliche Mengen an Futtermitteln einsparen. Dadurch würden die zum Teil geringeren Erträge des Öko-Landbaus ausgeglichen - und es würde zugleich ein wesentlicher Beitrag zur Verbesserung der angespannten Welternährungssituation geleistet.[6] In Deutschland müßte der Fleischverbrauch lediglich auf das Niveau von Ländern wie Italien abgesenkt werden (von derzeit 39% auf 24% Verbrauch „tierischer" Kalorien), dann wäre flächendeckender Öko-Anbau möglich und die Ernährungssicherheit für die Bevölkerung bliebe gewahrt.[7]

Beim reinen Ertragsvergleich wird zudem oft vergessen, daß übermäßiger Einsatz von Kunstdünger und Agrarchemie nicht nur die finanzielle Abhängigkeit der Landwirte erhöht (was vor allem für die armen Kleinbauern in den Entwicklungsländern zu einem Problem wird). Auch die biologischen Grundlagen der gesamten Landwirtschaft werden langfristig durch den intensiven Einsatz dieser Betriebsmittel zerstört:

- Flüsse, Seen, Grundwasser und Küstengebiete in vielen Landwirtschaftsregionen sind heute bereits durch Überdüngung stark belastet.
- In den letzten 40 Jahren ging etwa ein Drittel der weltweit genutzten landwirtschaftlichen Fläche vor allem durch Erosion verloren.[8]
- In Regionen mit Überdüngung und hohem Pestizideinsatz sinkt die Zahl der Lebewesen im Boden, die für dessen Fruchtbarkeit jedoch von großer Bedeutung sind. (In einer Handvoll gesunder Muttererde befinden sich normalerweise so viele Kleinstlebewesen wie es Menschen auf diesem Planeten gibt!) Obendrein wandern auf intensiv bewirtschafteten Flächen Vögel und andere nützliche Tiere ab.[9]

Fazit: *Die Industrieländer können ohne weiteres durch Öko-Landbau versorgt werden. Untersuchungen zeigen, daß dies auch in*

Entwicklungsländern möglich ist. Der übermäßige Einsatz von Agrarchemikalien und Kunstdünger zerstört langfristig die Grundlagen jeglicher Landwirtschaft.

Quellen:

(1) *Für Deutschland*: A. Bechmann et al.: Landwirtschaft 2000 – Die Zukunft gehört dem ökologischen Landbau. Szenarien für die Umstellungskosten der Landwirtschaft in Deutschland. (Barsinghäuser Berichte Heft 27), Barsinghausen 1993. *Für Europa*: N. Lampkin: Organic Farming.Ipswich 1990; sowie L. Woodward: Can Organic Farming Feed the World? Elm Farm Research Centre 1995.

(2) K. Olsen & E.O. Heady: A National Model of Agricultural Production, Land Use, Export Potential and Income under Conventional and Organic Farming Alternatives. (Center for Agricultural and Rural Development, Iowa State University) Iowa 1979.

(3) Busemann et al. (1999), zit. nach Öko-Institut: Globalisierung in der Speisekammer. Band 1, Freiburg 1999, S. 112.

(4) J. Lutzenberger & F.-Th. Gottwald: Wege aus der Ernährungskrise. Frankfurt am Main 2001, S. 13, (1999 erstmalig erschienen unter dem Titel: Ernährung in der Wissensgesellschaft. Vision: informiert essen. (Buchreihe zu den Themen der EXPO 2000, Band 7) Frankfurt am Main / New York).

(5) J. Rifkin: Das Imperium der Rinder. Der Wahnsinn der Fleischindustrie. Neuauflage. Frankfurt am Main 2001 und K. v. Koerber, T. Männle, C. Leitzmann: Vollwert-Ernährung. Konzeption einer zeitgemäßen Ernährungsweise. Heidelberg (9. Aufl.) 1999.

(6) S.o. Anm. 1. (Studie A. Bechmann et al.).

(7) M. Seemüller: Der Einfluß unterschiedlicher Landbewirtschaftungssyteme auf die Ernährungssituation in Deutschland in Abhängigkeit des Konsumverhaltens der Verbraucher. (Öko-Institut, Werkstattreihe Nr. 124) Freiburg i. Brsg. 2000.

(8) D. Pimentel et al.: Environmental and Economic Costs of Soil Erosion and Conservation Benefits. In: Science 267 (1995), S. 1117-1123.

(9) H. Weiger & H. Willer (Hg.): Naturschutz durch ökologischen Landbau. (Ökologische Konzepte 95) Holm 1997; sowie: The Soil Association (ed.): The Biodiversity Benefits of Organic Farming. Bristol 2000.

3. Mythos

„Die Bauern erhalten zu viele Subventionen."

Richtig daran ist: Die Hälfte des jährlichen EU-Etats fließt in den Agrarsektor, nämlich gut 80 Milliarden Mark pro Jahr.

Doch nicht alle Fördermilliarden kommen in den landwirtschaftlichen Betrieben an. Ein großer Teil der rund 80 Milliarden Mark Agrarsubventionen fließt in andere Wirtschaftszweige, zum Beispiel in die Weiterverarbeitung, Lagerung sowie den Export der Lebensmittel und dient vor allem der Preisstützung. Bezahlt wird sogar für das Vernichten von Lebensmittelüberschüssen oder den Export von Rindern aus dem EU-Gebiet. Verdient wird *an* der Landwirtschaft, weniger jedoch *in* der Landwirtschaft.

Von dem Rest, der nicht bei Exporteuren oder Lagerhaltern verbleibt, also tatsächlich den Bauern zugute kommen soll, sehen kleinere und mittlere bäuerliche Betriebe kaum etwas. Das sind jedoch die Höfe, die in der Regel noch weniger spezialisiert und technisch durchrationalisiert sind, die vielfältig wirtschaften und von denen man sich noch am ehesten eine ökologische, nachhaltige Landwirtschaft und den Erhalt einer reichhaltigen Kulturlandschaft erhoffen kann.

Auch der Öko-Landbau, der am meisten umweltschonend produziert, erhält nur einen geringen Anteil der EU-Subventionen. Nach wie vor profitieren vielmehr die flächenstarken und intensiv wirtschaftenden Großbetriebe in Gunstlagen von den Direktzahlungen aus Brüssel. Es ist kein Zufall, daß der größte Beihilfeempfänger aus Deutschland ein Ackerbaubetrieb mit fast 9.000 Hektar ist.[1] (Zum Vergleich: der durchschnittliche Bauernhof in Deutschland ist „nur" 33 Hektar groß.[2]) Und auch in der Tierhaltung geht das meiste Geld an industrieähnliche Großbetriebe, zum Beispiel an hochtechnisierte Fabrikställe für Milchviehhaltung oder Bullenmast. Das Brüsseler Fördersystem prämiert Quantität, weniger Qualität. Wer viel hat, dem wird viel gegeben. Insgesamt bekommen vier Prozent der Höfe 40 Prozent der EU-Agrarsubventionen![3]

Trotz der enorm hohen jährlichen Unterstützung ist Bauer-Sein in Europa nur für sehr wenige ein lohnendes Geschäft. Dies beweist Jahr für Jahr die große Zahl derer, die ihre Höfe nicht mehr weiterbewirtschaften. In den vergangenen 50 Jahren mußten in Deutschland von ursprünglich 1,65 Millionen Bauernhöfen über eine Million schließen.[4] Auch heute noch werden allein in Deutschland jeden Tag über 40 Bauernhöfe aufgegeben, europaweit wird alle zwei Minuten ein Bauernhof „stillgelegt".[5]

Viele Landwirte sind auf Fördermittel angewiesen, weil die Erzeugerpreise für Getreide und andere Agrarprodukte so niedrig sind. Vom Preis eines Brötchens fließen durchschnittlich nur noch zwei Pfennige an den Landwirt, die Kosten der Braugerste für eine Flasche Bier sind so niedrig wie die des Kronenkorkens.[6] Der Landwirt bekommt heute für den Weizen sogar *weniger* als vor 35 Jahren, während der Bäcker fast das Fünffache für ein Brot erhält.[7] Derlei Agrardumping macht nicht nur den Landwirten bei uns, sondern auch den Kleinbauern in den Entwicklungsländern das Leben schwer. Zu Billigstpreisen werden Nahrungsmittel aus der EU in die Dritte Welt exportiert, wodurch in diesen Ländern die Preise für Lebensmittel auf ein Niveau sinken, das eine rentable Inlandsproduktion nahezu unmöglich macht.

Nach Meinung der meisten Experten ist es angesichts der derzeitigen Weltmarktpreise für Agrarprodukte kaum möglich und sinnvoll, die Agrarsubventionen in Europa ganz abzuschaffen, wie es etwa in Neuseeland erfolgreich verwirklicht wurde. Die Folge wäre ein Westeuropa, in dem sich Landwirtschaft ökonomisch kaum noch lohnen würde, und das nun seinerseits abhängig von Lebensmittelimporten wäre. Auch das Landschaftsbild würde sich durch die Aufgabe der Landbewirtschaftung völlig verändern. Ohne die tägliche Arbeit der vielen Landwirte gäbe es keine bäuerliche Kulturlandschaft.

Die Subventionen könnten jedoch verringert und anders verteilt werden. Betriebe, die Boden und Wasser mit Chemikalien belasten oder Tiere massenweise in enge Fabrikställe zwängen, sollten dafür nicht auch noch mit Steuermitteln belohnt werden. Wer hingegen umweltverträglich wirtschaftet, Tiere anständig behandelt und Lebensmittel sorgfältig erzeugt, hat eine öffentliche Förderung verdient. Die EU-Agrarreform („Agenda 2000") geht teilweise in diese Richtung, indem sie die bisherigen Garantiepreise für Überproduktion weiter reduziert und dafür direkte Zahlungen an die Bauern - zum Beispiel für Landschaftspflege oder eine ökologische Wirtschaftsweise - einführt. Von einer „Trendwende" kann dennoch keine Rede sein: Lediglich *fünf* Prozent aller Agrarausgaben im Haushalt 2000 der EU sind für Umweltmaßnahmen in der Landwirtschaft vorgesehen.[8] Das ist gerade mal doppelt so viel Geld, wie die EU für die Förderung des Tabakanbaus ausgibt ...

Fazit: *Die meisten Bauern sehen nur wenig von den Subventionsmilliarden. Die Erzeugerpreise in Europa sind so niedrig, daß sich Landwirtschaft kaum noch lohnt. Von den Subventionen profitieren - zumindest bisher - die falschen Betriebe.*

Quellen:

(1) V. Angres, C.-P. Hutter, L. Ribbe: Bananen für Brüssel. München 1999, S. 81.

(2) Deutscher Bauernverband: Argumente 2000. Bonn 2000, S. 171. Berechnungsgrundlage sind alle Betriebe, die größer als 1 Hektar sind.

(3) Amtsblatt der EG C 401 vom 22.12.1998.

(4) Bundesministerium für Ernährung, Landwirtschaft und Forsten (Hg.): Statistisches Jahrbuch über Ernährung, Landwirtschaft und Forsten 1997. Münster 1997, S. 28. f..

(5) *Für Deutschland*: Deutscher Bauernverband: Situationsbericht 2000. Bonn 1999, S. 187. (Eigene Berechnung anhand der Betriebsaufgaben zwischen 1995 und 1997.) *Für Europa*: AgrarBündnis (Hg.): Der kritische Agrarbericht 1997. Kassel 1997, S. 83.

(6) J. Lutzenberger & F.-Th. Gottwald: Wege aus der Ernährungskrise. Frankfurt am Main 2001, S. 165, (1999 erstmalig erschienen unter dem Titel: Ernährung in der Wissensgesellschaft. Vision: informiert essen. (Buchreihe zu den Themen der EXPO 2000, Band 7) Frankfurt am Main / New York).

(7) Verband für Unabhängige Gesundheitsberatung Deutschland (UGB) & Stiftung Ökologie und Landbau (SÖL) (Hg.): Vollwert-Ernährung und ökologischer Landbau. (Ökologische Konzepte 89) Bad Dürkheim 2000.

(8) Amtsblatt der EG L 40 vom 14.02.2000.

4. Mythos

„Wenn Tiere heutzutage so gut wachsen, so viele Eier legen und so viel Milch geben, dann kann es ihnen doch gar nicht so schlecht gehen."

Richtig daran ist: In der intensiven Massentierhaltung geben die Tiere mehr Milch, legen mehr Eier und erreichen schneller ihr Schlachtgewicht als auf Öko-Höfen.

Tiere in Fabrikställen leisten Erstaunliches: Käfighühner legen fast täglich ein Ei. Mastbullen wirken wie wandelnde Muskelberge. Schweine erreichen ihr Schlachtgewicht bereits nach knapp einem halben Jahr. Obwohl die Schweine noch Milchzähne haben und ihr Skelett noch keineswegs voll entwickelt ist, tragen sie mit rund 100 Kilogramm Mastendgewicht den Körper eines erwachsenen Tieres. Auch bei den Hähnchen endet die Schnellmast in der Regel bereits nach 33 Tagen. Und Milchkühe liefern mit rund 6.000 Litern Jahresleistung doppelt so viel Milch wie noch vor 40 Jahren.

Doch all dies hat seinen Preis: Das Leben dieser Tiere ist weitgehend ein „Leben auf Reserve".[1] Wenn ein Huhn noch kurz vor dem Erschöpfungstod ein Ei legt oder eine Kuh mit hohem Fieber weiterhin 20 Liter Milch gibt, dann nicht, weil sie gesund sind, sondern *obwohl* sie krank und gestreßt sind. Die Leistung der Tiere ist längst kein Ausdruck von Gesundheit mehr. Dies haben u.a. Langzeit-Auswertungen der Universität Bonn ergeben: Von 1960 bis Mitte der neunziger Jahre konnte die Milchleistung deutscher Kühe zwar um 30 Prozent gesteigert werden. Dem standen jedoch eine Zunahme der Eutererkrankungen um rund 600 Prozent und eine Steigerung der Erkrankungen von Klauen und Gliedmaßen um über 300 Prozent gegenüber.[2] Das heißt: Die Tiere leisten zwar mehr, sind dafür jedoch überproportional häufig krank (*s. Abb.*).

Einseitige Zuchtwahl verwandelte manche Nutztiere in groteske Fleischpakete. So erreichte ein Mast-Truthahn vor 25 Jahren noch elf Kilogramm Gewicht, heute fast das Doppelte. Die Vögel fallen durch ihre muskelbepackte Brust ständig vornüber und sind nicht mehr in der Lage, sich auf natürliche Weise zu paaren.[3] Vergleichbare Zahlen für Schweine und Hühner belegen, daß die Schere zwischen Leistungssteigerung und Erkrankungshäufigkeit bei der intensiven Tierhaltung immer weiter auseinandergeht.

Schnelles Wachstum und hohe Leistung wurden nicht allein durch Hochzucht und intensive Fütterung erreicht. Oft sind legale

Die Schere zwischen Leistung und Gesundheit

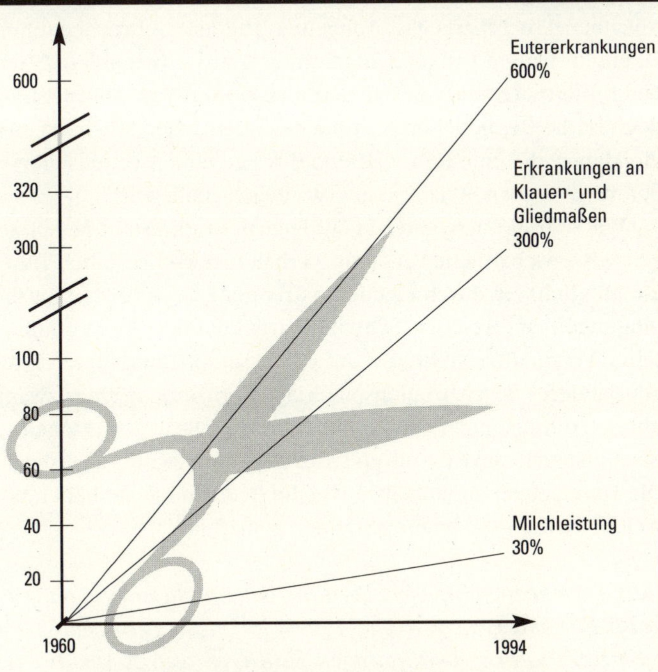

Prozentuale Zunahme der Abgangsursachen bei Kühen in Deutschland

Quelle: H. Sommer, Universität Bonn (1996)

oder illegale Hilfsmittel im Spiel, sogenannte „Leistungsförderer". Tierärzte, Polizisten und Journalisten decken immer wieder kriminelle Praktiken auf, zum Beispiel den Einsatz von Hormonen und hormonähnlichen Substanzen wie Clenbuterol. Bis vor kurzem war es noch völlig legal, Antibiotika als Wachstumsförderer einzusetzen. Seit 1999 sind zumindest einige dieser Mittel verboten.[4]

Die Leistungszunahmen stehen nachweislich auch in direktem Zusammenhang mit einem starken Rückgang der Lebenszeit. Während auf Betrieben, die keine Hochleistungszucht und Intensivfütterung betreiben, Kühe zum Teil über zehn Jahre alt werden, beträgt die durchschnittliche „Nutzungsdauer" einer Milchkuh in Deutschland nur noch knapp drei Jahre. In den USA sind es gerade noch 2,2 Jahre, in denen eine Kuh Milch gibt. Probleme mit dem Abkalben, Fruchtbarkeitsstörungen und andere Gebrechen führen zu einem frühen Tod im Schlachthaus. Zwar erbringen die Tiere durch Kraftfutter und sonstige Beigaben eine enorme Milchleistung, doch ist die Gesamtlebensleistung einer deutschen Milchkuh (also die Menge, die eine Kuh während ihres gesamten Lebens gibt) in den vergangenen 40 Jahren in etwa gleich geblieben![5]

Wie sehr die Tiere dabei in der Enge der Fabrikställe leiden, zeigen wissenschaftliche Versuche. Verhaltensforscher gaben Tieren die Möglichkeit, durch eigene Anstrengung bessere Haltungsbedingungen zu erreichen. Schweine drückten bei einem ethologischen Versuch bis zu 80 mal auf einen Knopf, um dadurch Stroh oder anderes Beschäftigungsmaterial zu erhalten. Hühner zwängten sich durch einen neun Zentimeter engen Spalt – was ihnen äußerst unangenehm ist –, um an Einstreu zum Scharren zu gelangen.[6] Die Tiere zeigen damit selbst, welche Bedürfnisse sie haben und welche Haltungsbedingungen ihnen gemäß sind.

Fazit: *Die enorm gestiegene Leistung der Nutztiere wird teuer erkauft: Einseitige Zucht, Arzneimittel zur Leistungsförderung und schlechte Haltungsbedingungen ruinieren auf Dauer ihre Gesundheit. In wissenschaftlichen Versuchen entscheiden sich Tiere für Haltungsformen, wie sie auf Öko-Höfen üblich sind.*

Quellen:

(1) A. Idel: Gen-manipulierte Tiere – Kritik des gentechnischen Ansatzes. In: Tierärztliche Umschau 53, Heft 2 (1998), S. 83-87.

(2) H. Sommer: Intensive Tierproduktion ist unverantwortlich. In: Ökologie & Landbau 24 Jg. (1996), Heft 4, S. 48. Die Untersuchung bezog sich auf sog. MLP-Kühe, das sind die Tiere, die durch eine offizielle Milchleistungsprüfung erfaßt wurden (ca. 3,7 Mio. Kühe). Die Zahlen beziehen sich nur auf die alten Bundesländer.

(3) M. Miersch: Das bizarre Sexualleben der Tiere. Frankfurt am Main 1999, S. 258.

(4) Der SPIEGEL 11 (2000), S. 81.

(5) G. Postler: Lebens- oder Höchstleistung? In: M. Schneider et al. (Hg.): Zeit-Fraß. Zur Ökologie der Zeit in Landwirtschaft und Ernährung. Politische Ökologie (Sonderheft 8) München 1995, S. 57-60.

(6) New Scientist vom 22.1.1994. - Grundlagen und Beispiele aus der Praxis artgemäßer Tierhaltung finden sich in den Büchern von M. Rist et al.: Artgemäße Rinderhaltung; B. Hörning et al.: Artgemäße Schweinehaltung; D.W. Fölsch et al: Artgemäße Hühnerhaltung. (Ökologische Konzepte 77-79) Bad Dürkheim 1999.

5. Mythos

„Öko-Lebensmittel sind zu teuer und nur etwas für Wohlhabende."

Richtig daran ist: **Öko-Lebensmittel sind teurer als Produkte aus der herkömmlichen Landwirtschaft.**

Konventionelle Lebensmittel, die mit hohem Einsatz von Kunstdünger, Agrarchemikalien, Tiermedikamenten und sog. „Leistungsförderern" in der Tiermast erzeugt werden, sind nur scheinbar billig. Was die Verbraucher an der Ladentheke sparen, wird ihnen als Steuerzahler wieder abgenommen. Nicht nur durch die staatlichen Subventionen, von denen chemieintensive Großbetriebe stärker profitieren als die meisten Biobauern. Der konventionelle Landbau verursacht auch durch vielfältige Belastungen der Umwelt erhebliche Kosten, die aus Steuergeldern bezahlt werden müssen (bzw. auf die nach uns folgenden Generationen abgewälzt werden).

Beispiel BSE: Zirka zwölf Milliarden Mark kostete die Rinderseuche BSE die Europäischen Union und damit die Steuerzahler bereits *vor* Ausbruch der Erkrankung in Deutschland. Nicht eingerechnet die nationalen Ausgaben der Mitgliedsstaaten.[1] Die volkswirtschaftlichen Gesamtkosten der BSE-Krise sind zur Zeit noch unabsehbar. Die Rinderkrankheit BSE wurde durch Futter von Tierkörpermehl aus kranken und verendeten Tieren ausgelöst. Die Seuche hätte auf Öko-Höfen nie ausbrechen können, da dort grundsätzlich kein Tierkörpermehl an Kühe und andere Pflanzenfresser verfüttert wird (s. Anhang: „BSE und Öko-Landbau", S. 43 ff.).

Bio-Bauern haben meist geringere Erträge im Pflanzenbau, weil sie keinen Kunstdünger verwenden und keine Pestizide und Herbizide einsetzen. Sie mästen ihre Tiere langsamer, geben ihnen Auslauf und angenehmere (sprich: tiergerechte) Ställe. Bio-Bauern haben höhere Lohnkosten, weil die bessere Betreuung der Tiere und vermehrte Handarbeit, etwa beim Jäten von Unkraut, aber auch die größere Vielseitigkeit der Betriebe einen höheren Arbeitszeitaufwand verursachen. Schließlich muß auch noch das umfangreiche Kontrollsystem, dem sich ökologisch wirtschaftende Höfe unterziehen, finanziert werden. Deshalb müssen Bio-Bauern höhere Preise für ihre Produkte bekommen.

Aber so teuer, wie viele denken, ist der Kauf von Öko-Lebensmitteln keineswegs. Wenn eine vierköpfige Familie mittleren Einkommens die wichtigsten Grundnahrungsmittel in ökologischer Qualität kauft - so errechnete das Freiburger Öko-Institut -, belaufen sich die Mehrkosten im Schnitt auf lediglich achtzig Mark im Monat für die gesamte Familie (1.008 Mark statt 929 Mark). Bei dieser Modellrechnung wurden Milch, Butter, Eier, Kartoffeln, Weizen-

Prozentualer Anteil der Ausgaben für Nahrungsmittel am Nettogesamteinkommen*1950-98 (alte Bundesländer)

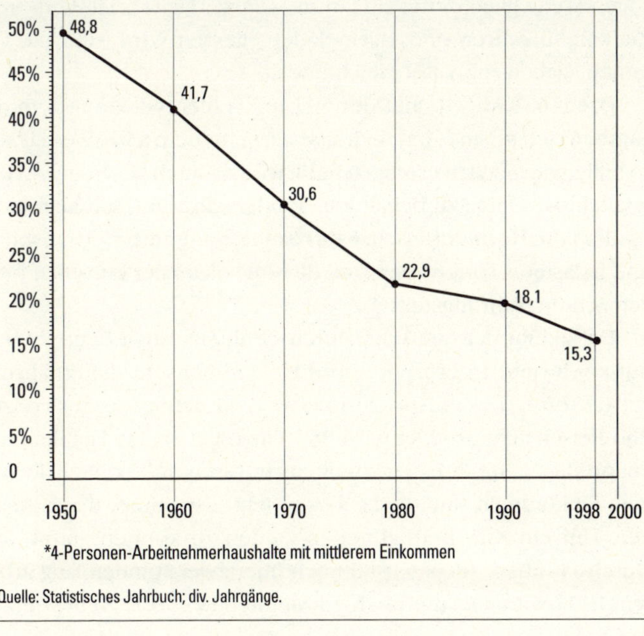

*4-Personen-Arbeitnehmerhaushalte mit mittlerem Einkommen

Quelle: Statistisches Jahrbuch; div. Jahrgänge.

Die Kaufkraft der Netto-Verdienste 1960 und 1994				
	benötigte Arbeitszeit 1960	benötigte Arbeitszeit 1994	Preis 1960	Preis 1994
Markenbutter	39 min.	6 min.	1,63 DM	2,00 DM
1 l Vollmilch	17 min.	4 min.	0,70 DM	1,32 DM
10 Eier	46 min.	8 min.	1,90 DM	2,82 DM
1 kg Rindfleisch	124 min.	31 min.	5,14 DM	11,10 DM
1 kg Schweinekotelett	157 min.	36 min.	6,50 DM	12,66 DM
1 kg Brathähnchen	133 min.	14 min.	5,52 DM	5,01 DM

Westdeutschland; Basis: Durchschnittliche(r) Nettolohn- und -gehaltssumme je geleistete Arbeitsstunde: 1960=2,49 DM, 1994=21,26 DM

Quelle: Institut der deutschen Wirtschaft, Köln

mehl, Reis, Teigwaren, Brot und sogar Kaffee und Bananen einbezogen. Wenn gleichzeitig ein Drittel weniger Fleisch, Fleischwaren, Zucker, Süßwaren und Marmelade gegessen wird, sind die Gesamtausgaben sogar fast gleich hoch.[2]

Dreh- und Angelpunkt der meisten Fehlentwicklungen in der Landwirtschaft sind die niedrigen Verbraucherpreise. Wer Fleisch so billig wie möglich erzeugen muß, wird dadurch gezwungen, Tiere wie leblose Dinge zu behandeln. Rinderwahnsinn, Schweinepest-Epidemien, Hormonfleisch, Fabrikställe, grausame Tiertransporte und belastetes Trinkwasser sind direkte Folgen der künstlich billig gemachten Nahrungsmittel.

Dabei gibt der deutsche Durchschnittshaushalt heute bereits nur noch rund 15 Prozent seines Einkommens für die Ernährung aus (*s. Abb.*).[3] Das entspricht in etwa dem Betrag, der für Freizeit und Reisen aufgewendet wird. 1950 investierte eine Familie noch knapp die Hälfte ihres Einkommens in Essen und Trinken. Relativ zum Einkommen sind die Lebensmittelpreise immer tiefer gesunken. Um ein Kilo Brathähnchen kaufen zu können, mußte ein Durchschnittsverdiener 1960 noch über zwei Stunden lang arbeiten, 1994 waren es nur noch 14 Minuten (*s. Tab.*).[4] Kein Wunder, daß die Wertschätzung für Lebensmittel als Mittel zum Leben verlorengegangen ist: Für Motoröl geben wir gut und gerne 20 Mark den Liter aus, das Speiseöl im Supermarkt darf jedoch nicht mehr als 2,49 Mark kosten. „Edles" Katzenfutter ist in einigen Supermärkten - umgerechnet auf den Kilopreis für Fleisch - doppelt so teuer wie ein Schweinekotelett.[5] Die Bereitschaft, mehr Geld für gute Lebensmittel auszugeben, ist daher eher eine Frage der Einstellung als des Einkommens.

Fazit: *Jede(r) Normalverdienende in Deutschland kann sich Öko-Lebensmittel leisten. Sie sind nicht zu teuer. Im Gegenteil: konventionelle Ware ist zu billig. Denn die Dumpingware im Supermarkt wird letztlich mit Subventionen und hohen Umweltkosten volkswirtschaftlich teuer erkauft.*

Quellen:

(1) D. Maxeiner & M. Miersch: Lexikon der Öko-Irrtümer. Frankfurt am Main 1998, S. 191.

(2) Öko-Institut: Globalisierung in der Speisekammer. Band 1. Freiburg 1999, S. 132; wiederabgedruckt in: B. Tappeser et al.: Die blaue Paprika. Globale Nahrungsmittelproduktion auf dem Prüfstand. Basel / Boston / Berlin 1999, S. 192. Zu einem ähnlichen Ergebnis kommt J. Brombacher: Ökonomische Analyse des Einkaufsverhaltens bei einer Ernährung mit Produkten des ökologischen Landbaus. Münster 1992, S. 119, 152, 161.

(3) Bundesministerium für Ernährung, Landwirtschaft und Forsten (Hg.): Statistisches Jahrbuch über Ernährung, Landwirtschaft und Forsten 1999. Münster 1999, S. 345.

(4) AgrarBündnis (Hg.): Der kritische Agrarbericht 1996. Kassel etc. 1996, S. 127.

(5) V. Angres, C.-P. Hutter, L. Ribbe: Bananen für Brüssel. München 1999, S. 101.

6. Mythos

„Dem Öko-Landbau ist die Natur wichtiger als der Mensch."

Richtig daran ist: Natur- und Umweltschutz haben im Öko-Landbau einen hohen Stellenwert.

Als 1962 Rachel Carsons berühmtes Buch „Der stumme Frühling" erschien, wurde dadurch eine Wende in der Landwirtschaft eingeleitet. Thema des Buches war die schädliche Wirkung des damals gebräuchlichen Pestizids DDT auf Vögel und andere Lebewesen. Wissenschaftler, Landwirte und Verbraucher begannen umzudenken. Dies gab dem Öko-Landbau, der damals noch in den Kinderschuhen steckte, einen gewaltigen Anschub.

Viele Öko-Bauern nehmen den Naturschutz sehr ernst.[1] Sie verzichten auf Agrarchemikalien, pflanzen Heckenreihen, legen Tümpel nicht trocken und mähen erst dann, wenn die jungen Wiesenvögel flügge sind. So kommt es, daß auf ökologisch bewirtschafteten Flächen bis zu *fünfmal* so viele Arten von Ackerwildkräutern, Insekten und Kleinstlebewesen vorkommen wie auf konventionellen Vergleichsflächen. Auch die Populationsdichten bedrohter Vogelarten wie etwa Feldlerche und Goldammer sind deutlich höher.[2] Das brachte den Öko-Bauern von seiten mancher Agrarfunktionäre den Vorwurf ein, ihnen ginge es „mehr um Bachstelzen und Feuchtbiotope als um Menschen". Das ist vielleicht der dümmste Einwand, der gegen den Öko-Landbau vorgebracht wurde. Denn kein Lebewesen profitiert so sehr von der ökologischen Landwirtschaft wie der Mensch:

Die Abkehr von Eintönigkeit und Monokulturen durch vielfältige Bewirtschaftungsformen sowie eine an die Fläche angepaßte Tierhaltung mit Weidegang führt zu einer ästhetisch reizvollen Kulturlandschaft, die wir alle als schön empfinden. Der Verzicht auf Kunstdünger und der sparsame Einsatz von Naturdünger aus Stallmist steigern nicht nur die Artenvielfalt auf den Äckern und Feldern, sondern mindern auch die gesundheitsschädliche Nitratbelastung in den Gewässern. Obendrein werden die Geldbeutel der Verbraucher geschont. Denn über den Wasserpreis bezahlen alle Bürger die aufwendige Reinigung nitrat- und pestizidbelasteten Trinkwassers. Ammoniakdämpfe und Methangas aus Fabrikställen belasten die Luft und das Klima. Die stinkenden Dämpfe führten an Orten mit intensiver Massentierhaltung sogar zu einem Absterben der Bäume. All dies vermeidet der Öko-Landbau und schont damit menschliche Gesundheit wie die Natur gleichermaßen.

Weltweit werden nach Angaben der Weltgesundheitsorganisation (WHO) drei Millionen Menschen jährlich durch unsachgemäßen Pestizideinsatz geschädigt, 220.000 davon sterben.[3] Allein in den Vereinigten Staaten erkranken pro Jahr 300.000 Landarbeiter und Farmer durch Agrargifte.[4] Der ökologische Landbau verzichtet bewußt auf diese gefährlichen Mittel und schützt so die Menschen, die auf dem Land arbeiten.

Viele Mediziner warnen, daß der massenweise Einsatz von Antibiotika, die in Fabrikställen nicht nur zur „Gesundheitsprophylaxe", sondern auch als Wachstumsförderer benutzt werden, für die Menschheit eine große gesundheitliche Bedrohung darstellt. Die Gefahr: Krankheitserreger, die auch für den Menschen gefährlich sind, gewöhnen sich an die Arzneistoffe („Resistenzbildung"). Lebensrettende Antibiotika werden dadurch unwirksam. Jedes Jahr werden in der EU rund 1.600 Tonnen (!) Antibiotika an Masttiere verfüttert, etwa ein Fünftel der gesamten Antibiotikaproduktion.[5]

Öko-Bauern geben ihren Tieren solche Medikamente nur dann, wenn diese krank sind und Naturheilverfahren nicht angewendet werden können. Sie dürfen erst geschlachtet werden, wenn der Körper die Medikamente längst abgebaut hat. Um ganz sicher zu gehen, gelten im Öko-Landbau *doppelt* so lange Wartezeiten nach der Anwendung dieser Medikamente wie in der konventionellen Landwirtschaft.

Ökologische Lebensmittel, wenn sie fachlich kompetent hergestellt werden, schmecken nicht nur besser, sondern fördern nach-

Abb. 1: Arbeitsplatzverluste im konventionellen Landbau

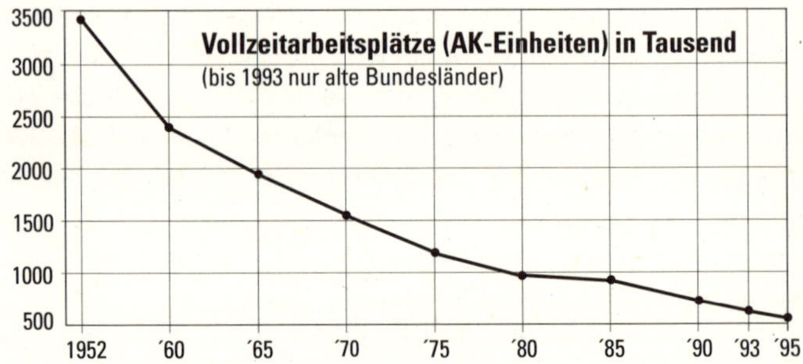

Quelle: Statistische Jahrbücher (div. Jahrgänge) und Agrarberichte der Bundesregierung

Abb. 2: Bio-Bauern schaffen Arbeitsplätze

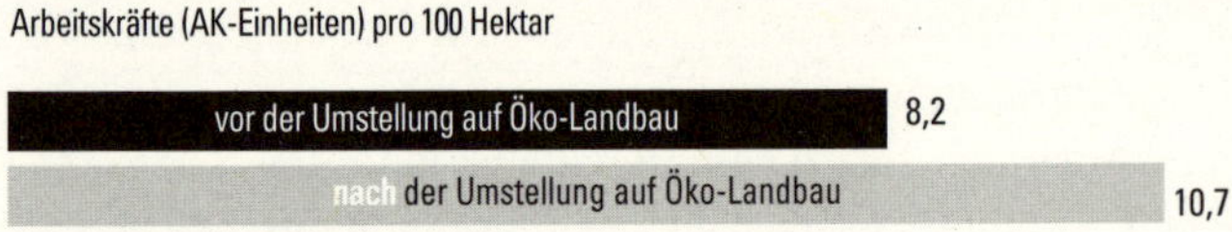

Quelle: Schweisfurth-Stiftung, München (1997)

weislich auch die Gesundheit und das körperliche Wohlbefinden. Die vergleichende Qualitätsforschung zwischen ökologisch und konventionell angebauten Lebensmitteln hat hinsichtlich Pestizidrückständen und Nitratgehalt deutlich *niedrigere* Werte in ökologisch angebautem Obst und Gemüse festgestellt. Beim Vitamin C-Gehalt, der Proteinqualität und dem Mineralstoffgehalt wurden dafür erfreulich *hohe* Werte nachgewiesen.[6]

Nicht nur gesundheitlich nützt Öko-Landbau allen Menschen. Während im konventionellen Landbau seit den 50er Jahren die Zahl der Vollzeitarbeitsplätze kontinuierlich und dramatisch abnahm (*s. Abb. 1*), schaffen Bio-Bauern neue Arbeitsplätze - nicht nur in der Landwirtschaft selbst, sondern auch bei der (hofeigenen) Verarbeitung und Vermarktung der Bioprodukte. Nach einer Erhebung der Schweisfurth-Stiftung[7] werden durch die Umstellung auf ökologischen Landbau im Durchschnitt fast ein Drittel mehr Arbeitskräfte benötigt (*s. Abb. 2*), eine andere Untersuchung[8] ergab sogar eine Steigerung von bis zu 60 Prozent.

Kein Wunder, daß auch dort, wo Menschen besonders behütet und betreut werden müssen, der Öko-Landbau bereits die Führung übernommen hat: Zwei Drittel der landwirtschaftlichen Werkstätten für Behinderte in Deutschland praktizieren Öko-Landbau.[9]

Fazit: *Öko-Landbau schützt nicht nur die Natur und schont die Umwelt, er bewahrt auch die Gesundheit der Menschen und schafft neue, sinnvolle Arbeitsplätze.*

Quellen:

(1) H. Weiger & H. Willer (Hg.): Naturschutz durch ökologischen Landbau. (Ökologische Konzepte 95) Holm 1997. Und: T. v. Elsen & G. Daniel: Naturschutz praktisch. Mainz / Bad Dürkheim 2000.

(2) The Soil Association (ed.): The Biodiversity Benefits of Organic Farming. Bristol 2000. Und die verschiedenen Beiträge in H. Weiger & H. Willer (Hg.) (s. Anm. 1).

(3) Kosmos, Nr. 3 / 1997.

(4) F.M. Lappé, J. Collins, P. Rosset: World Hunger – 12 Myths. (2nd ed.), New York 1998, S. 51.

(5) Der SPIEGEL, Nr. 11/2000, S. 80.

(6) Woese et al. (1995) und Alföldi et al. (1998); zit. nach: aid-special: Zwischen Öko-Kost und Designer Food: Ernährung im 21. Jahrhundert. Bonn 1999, S. 37. Vgl. A. Meier-Ploeger & H. Vogtmann (Hg.): Lebensmittelqualität – Ganzheitliche Methoden und Konzepte. (Ökologische Konzepte 66) Bad Dürkheim 1991, sowie M. Hoffmann: Lebensmittelqualität. (SÖL-Sonderausgabe 62) Bad Dürkheim 1997.

(7) Schweisfurth-Stiftung 1997 (Umfrage unter 111 Höfen; unveröffentlicht).

(8) S. Rapp: Veränderung der betrieblichen Parameter (insbesondere der Arbeitskräfte) bei der Umstellung auf ökologischen Landbau am Beispiel von Bioland. Diplomarbeit FH Nürtingen 1997/98 (eine Auswertung von 448 Betrieben). Eine Zusammenfassung findet sich in: Ökologie & Landbau, 26 Jg., Heft 4 (1998), S. 29-31.

(9) AGÖL: Leitfaden Ökologischer Landbau in Werkstätten für Behinderte. Frankfurt am Main 2000.

7. Mythos

„Öko-Bauern sind Technikfeinde und grüne Idealisten."

Richtig daran ist: Nicht alles, was von der Agrarindustrie an Technik angeboten wird, ist auf Öko-Höfen willkommen. Richtig ist auch, daß Öko-Bauern oftmals Idealisten sind.

Die Erfolgszahlen des Öko-Landbaus überzeugen jedoch auch kühle Rechner. In den sechziger Jahren wirtschaftete nur eine Handvoll Biobetriebe in Deutschland. Mittlerweile sind bereits rund 10.000 Betriebe nach EU-Bio-Verordnung als Öko-Höfe registriert. Etwa zweieinhalb Prozent der gesamten landwirtschaftlichen Nutzfläche werden in Deutschland ökologisch bewirtschaftet - Tendenz weiterhin steigend.[1] Öko-Landbau ist kein „Hobby verträumter Landhippies", wie ein hartnäckiges Vorurteil lautet. Auch immer mehr größere Betriebe - vor allem in Ostdeutschland - stellen um, darunter frühere Landwirtschaftliche Produktionsgenossenschaften (LPGs), die tausend Hektar und mehr umfassen.

Andere Länder in Europa sind schon weiter. In Italien zum Beispiel, dem Land derzeit mit den größten jährlichen Zuwachsraten, beträgt der Anteil der ökologisch bewirtschafteten Fläche bereits über fünf Prozent, beim Spitzenreiter Österreich sind es 8,4 Prozent. Europaweit werden derzeit mehr als drei Millionen Hektar von Bio-Bauern bestellt (*s. Abb.*). Nach Schätzungen von Marktkennern liegen zur Zeit in Nordamerika, Europa und Japan die Umsätze von Öko-Lebensmitteln bereits bei jährlich rund 20 Milliarden Dollar - mit ebenfalls steigender Tendenz.[2]

Diese Erfolge kommen nicht durch technikfeindliche Romantik zustande. Auch Öko-Bauern arbeiten mit modernen Maschinen. Es gibt sogar technisch besonders raffinierte Geräte, die speziell auf Öko-Höfen eingesetzt werden, um zum Beispiel auf mechanischem Wege (und damit ohne Chemieeinsatz) Schädlinge wie Kartoffel-

Entwicklung des ökologischen Landbaus in der EU

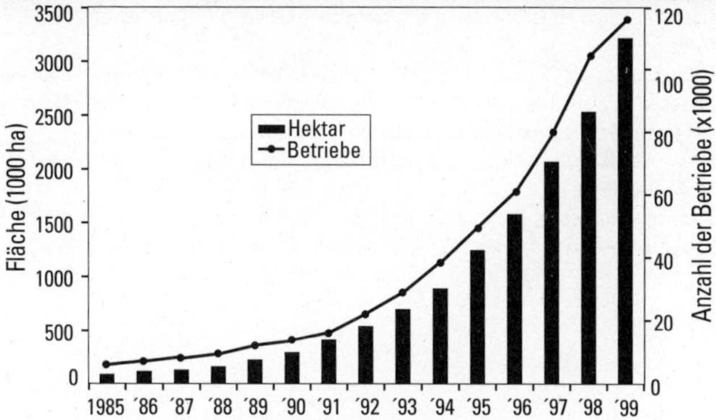

Quellen: N. Lampkin und SÖL (Mai 2000); die Zahlen für 1999 sind z.T. noch vorläufig.

käfer von den Pflanzen zu entfernen. Öko-Bauern sind darüber hinaus oftmals Experten auf dem Gebiet der biologischen (statt chemischen) Schädlingsbekämpfung. Sie nutzen wissenschaftliche Erkenntnisse über Bodenkunde und optimale Fruchtfolgen, und viele von ihnen arbeiten eng mit Forschungseinrichtungen und Hochschulen zusammen. Entscheidend bei all dem ist, ob der Technikeinsatz nicht nur „effizient" und gewinnbringend, sondern auch ökologisch verträglich ist.

Auch in ökonomischer Hinsicht kann sich der ökologische Landbau sehen lassen: Wie die jährlichen Agrarberichte der Bundesregierung ausweisen, verdienten Biobauern in den vergangenen 20 Jahren im Durchschnitt bis zu über acht Prozent mehr als ihre konventionellen Kollegen.[3] Eine aktuelle europaweite Studie kommt ebenfalls zu dem Schluß: Öko-Betriebe erwirtschaften – bezogen auf die Familienarbeitskraft – tendenziell höhere Gewinne als konventionelle Höfe.[4]

Fazit: *Öko-Bauern nutzen moderne Technik und wirtschaften gewinnbringend. Die Zahl der Betriebe und der Umsatz mit Öko-Lebensmitteln nehmen auf der ganzen Welt rasant zu.*

Quellen:

(1) Bundesministerium für Ernährung, Landwirtschaft und Forsten: BMELF-Information Nr. 25, 21. Juni 1999.

(2) H. Willer & M. Yussefi: Ökologische Agrarkultur weltweit. Statistiken und Perspektiven. (SÖL Sonderausgabe Nr. 74) Bad Dürkheim 2000. S. 17-21. – Eine ständig aktualisierte Statistik findet man im Internet unter: http://www.soel.de/inhalte/oekolandbau/statistik_europa.html.

(3) Bundesministerium für Ernährung, Landwirtschaft und Forsten: Agrarbericht der Bundesregierung; div. Jahrgänge.

(4) F. Offermann & H. Nieberg: Economic Performance of Organic Farms in Europe. (Organic Farming in Europe: Economics and Policy; Volume 5) Universität Hohenheim, Stuttgart 2000.

8. Mythos

„Öko-Lebensmittel sind nur etwas für Vegetarier und Körneresser."

Richtig daran ist: Früher schienen viele Bioläden nur etwas für vegetarische „Öko-Fundamentalisten" zu sein. Die gute Gesinnung war zuweilen wichtiger als der gute Geschmack.

Schweinebraten mit Knödeln und Kraut und dazu ein schäumendes Bier – kann das „öko" sein? Aber sicher! Auch Gummibärchen, edle Weine oder Fertiggerichte gibt es aus ökologischem Anbau. Öko-Bauern machen keinem Menschen Vorschriften, was er essen sollte. Es gibt heutzutage so gut wie alle Lebensmittel in ökologischer Qualität – auch die Pizza aus dem Tiefkühlfach.

Der ökologische Landbau verlangt als solcher keine bestimmte Form der Ernährung. Mag auch der Anteil an Vegetariern in Bioläden höher sein als im normalen Supermarkt: Der Öko-Landbau ist nicht nur etwas für Verächter fleischlicher Genüsse. Im Gegenteil: Die Tiere spielen im ökologischen Betriebskreislauf eine wichtige Rolle. Dort, wo kein Ackerbau möglich ist, verwerten Rinder und Schafe Pflanzen (z.B. Gras und Heu), die für den menschlichen Verzehr ungeeignet sind, und produzieren zugleich wertvollen organischen Dünger. Und mit den Tieren gehören auch Lebensmittel tierischer Herkunft (Milch- und Fleischprodukte) zu einer ökologischen Form der Land- und Lebensmittelwirtschaft.

Die Anzahl der Tiere ist jedoch im Öko-Landbau streng an die Fläche gebunden, damit nicht mehr Dünger auf die Felder gebracht wird, als der Boden und die Pflanzen aufnehmen können. Auf diese Weise wird u.a. eine erhöhte Nitratbelastung der Gewässer verhindert, die mit der konventionellen Massentierhaltung verbunden ist – insbesondere dort, wo es zu einer großen räumlichen Konzentration an Mastbetrieben kommt (wie etwa im Münsterland und in großen Teilen Niedersachsens). Aufgrund der ökologisch notwendigen Flächenbindung der Tierhaltung wird es auch in Zukunft nicht möglich sein, alle 15 Millionen Rinder oder 25 Millionen Schweine oder gar die zig-Millionen an Käfig-Legehennen und Mastgeflügel, die zur Zeit in deutschen Ställen leben[1], so zu halten, wie es der ökologische Landbau vorschreibt und ein verantwortungsvoller Umgang mit den Tieren es erfordern würde. Die Umstellung der Landwirtschaft auf eine ökologische Bewirtschaftungsform ist daher mit einer Reduzierung der Viehbestände verbunden - und damit auch des Fleischkonsums.

Eine solche Verringerung des Fleischkonsums wird jedoch ohnehin von vielen Ernährungsfachleuten empfohlen: Wer auf seine Gesundheit achtet, sollte mehr Gemüse, Kartoffeln und Obst zu sich nehmen und bei den tierischen Produkten zurückhaltender sein. Fleisch, Wurst und Eier sind Köstlichkeiten, die besser in Maßen genossen werden. Die Deutsche Gesellschaft für Ernährung empfiehlt, im Durchschnitt nicht mehr als 85 Gramm Fleisch und Wurst am Tag zu sich zu nehmen[2] - das wäre ungefähr die Hälfte dessen, was die Deutschen zur Zeit an Fleisch- und Wurstwaren verzehren.[3]

Fazit: *Der Öko-Landbau liefert Köstlichkeiten für jeden Geschmack und jede Ernährungsweise. Wer sich gesund ernähren will, sollte weniger Fleisch, dafür mehr Gemüse und Obst essen - und vor allem: alles in ökologischer Qualität.*

Quellen:

(1) Deutscher Bauernverband: Argumente 2000. Bonn 2000, S. 204.

(2) Deutsche Gesellschaft für Ernährung (DGE) und aid: Vollwertig essen und trinken nach den 10 Regeln der DGE. aid-Heft 1016. Bonn (17. Aufl.) 1997, S. 5.

(3) Der durchschnittliche Pro-Kopf-Verzehr in Deutschland lag im Jahr 1998 bei 62,6 Kilogramm. (Deutscher Bauernverband: Argumente 2000. Bonn 2000, S. 206.)

9. Mythos

„Öko-Lebensmittel sehen nicht so appetitlich aus."

Richtig daran ist: Ökogemüse und –obst ist weniger normiert und gleichmäßig im Aussehen als konventionelles. Ökologische Fleischerzeugnisse sehen oft blaß und grau aus und haben einen höheren Fettanteil.

Mit Lebensmitteln ist es wie mit Menschen: Es zählt nicht nur der äußere Schein. Der glänzend rote, makellose Apfel, die dicke, knallgrüne Erbse, das fettfreie Steak sehen zwar appetitlich aus - doch ihre Qualität läßt oft zu wünschen übrig. Wenn Pflanzen und Tiere gezielt auf Äußerlichkeiten gezüchtet werden, gehen dabei oft andere - wichtigere - Eigenschaften verloren.

Ein Teil der in der konventionellen Landwirtschaft eingesetzten Chemikalien dient nur der äußerlichen Verschönerung der Produkte. Äpfel, Orangen und andere Obstsorten werden mit Glanzstoffen und Anti-Fäulnis-Substanzen eingesprüht, damit sie besser aussehen. Eine US-amerikanische Studie brachte ans Licht: 60 bis 80 Prozent der Pestizide, die für Orangen verwendet werden, und 40 bis 60 Prozent des Chemieeinsatzes bei den Tomaten bewirken lediglich ein „schöneres" Aussehen der Früchte und haben nichts zu tun mit drohenden Ertragsverlusten durch Schädlingsbefall.[1] Wären die Verbraucher bereit, die kleinen natürlichen Unregelmäßigkeiten bei Obst und Gemüse zu akzeptieren, könnten riesige Mengen an Chemikalien eingespart werden - bei gleichbleibend hohen Ernten.

Öko-Bauern verwenden keine derartige Agrarchemikalien und setzen demgegenüber auf biologische Vielfalt. Zum Beispiel bauen sie oftmals alte Obstsorten an, die zwar kleiner und äußerlich weniger perfekt sind. Doch im Geschmack und im Vitamingehalt sind sie dem Hochglanzobst meist überlegen.[2] Und außerdem sieht man den Äpfeln und Birnen an, daß es sich nicht um standardisierte Industrieware, sondern um Produkte der *Natur* handelt - jede Frucht ist ein wenig anders in Gestalt, Farbe, Geschmack und Konsistenz.

Die zunehmende Normierung von Naturprodukten, die von den Verbrauchern fälschlicherweise als Zeichen für „Qualität" angesehen wird, führt zwangsläufig dazu, daß die Anbaubedingungen in der Landwirtschaft immer mehr industriellen Mustern folgen. Im Gemüsebau sind entsprechende Verfahren bereits nahezu perfektioniert: So ist es den Technikern gelungen, den Boden, in dem die Pflanzen normalerweise aufwachsen und über den sie ihre Nährstoffe erhalten, gänzlich zu vermeiden (sog. „erdeloser Anbau"). Die Mühe ökologischen Gemüseanbaus, nämlich die Qualität und Fruchtbarkeit des Bodens durch geschickte Fruchtfolgen und schonende Bodenbearbeitung nachhaltig zu sichern, braucht man sich in den modernen, vollklimatisierten Gewächshäusern nicht mehr zu machen. Denn statt im Erdreich wachsen die Pflanzen neuerdings in Hydrokulturen auf Steinwolle, Polyurethan, Blähton und ähnlichen Substraten und hängen am Tropf wissenschaftlich ausgetüftelter Nährlösungen. Kein Wunder, daß die Ergebnisse dieser Labor-"Land"wirtschaft an optischer Gleichmäßigkeit und geschmacklicher Dürftigkeit kaum zu überbieten sind. Mittlerweile werden in Holland bereits über 90 Prozent der Tomaten, Gurken und Paprika auf diese in mehrfacher Hinsicht „bodenlose" Weise angebaut.[3]

Ebenfalls besonders deutlich sind die Qualitätsunterschiede zwischen ökologischer und konventioneller Landwirtschaft beim Fleisch. Die Verbraucher haben die irrige Meinung, daß „gutes" Fleisch möglichst mager zu sein habe. Fettarme Schnitzel sind jedoch oft wässrig und schrumpfen in der Pfanne zusammen. Allzu mageres Fleisch schmeckt fade und eintönig, denn die natürlichen Geschmacksstoffe stecken im Fett. Zudem macht extreme Magerkeit Schweine streßanfälliger, schädigt ihr Immunsystem und schwächt damit die natürlichen Abwehrkräfte der Tiere. Öko-Bauern mästen ihre Tiere daher meist länger, als es in Fabrikställen üblich ist. Wenn die Tiere langsamer Muskeln ansetzen, bleiben sie gesund und das Fleisch wird von feinen Fettäderchen durchzogen - für Gourmetköche ein Zeichen höchster Qualität.

Fazit: *Öko-Lebensmittel sehen zwar manchmal nicht so makellos aus wie chemisch behandeltes Obst oder Gemüse aus der Hydrokultur. Doch dafür sind sie häufig wertvoller und schmecken besser als genormtes Einheitsobst und -gemüse oder fettarmes Fleisch aus der Tierfabrik.*

Quellen:

(1) F.M. Lappé, J. Collins, P. Rosset: World Hunger – 12 Myths. (2nd ed.), New York 1998, S. 53.

(2) Woese et al. (1995) und Alföldi et al. (1998); zit. nach: aid-special: Zwischen Öko-Kost und Designer Food: Ernährung im 21. Jahrhundert. Bonn 1999, S. 37.

(3) Chr. Hiß: An den Böden sollt ihr sie erkennen. Erfahrungen mit nachhaltiger Bodenkultur im ökologischen Gemüsebau. In: K. Kümmerer, M. Schneider, M. Held (Hg.): Bodenlos – Zum nachhaltigen Umgang mit Böden. (Politische Ökologie, Sonderheft 10). München 1997, S. 75-77.

10. Mythos

„Öko? Ist doch alles Betrug!"

Richtig daran ist: Es gab in den vergangenen Jahren einige wenige nachgewiesene Fälle von Öko-Schwindel.

Ob Uhren, Parfums oder Jeans - nichts ist vor Fälschungen sicher. Öko-Produkte sind teurer als ihre konventionelle Konkurrenz; da ist es kein Wunder, daß auch auf diesem Markt manchmal versucht wird zu mogeln. Einige Verbraucher reagieren völlig resigniert auf solche Enthüllungen. Nach dem Motto: „Dann ist es ja sowieso egal, was ich kaufe." Die falsche Reaktion! Denn gerade die Aufklärung macht Betrug in Zukunft schwieriger. Wer frustriert wieder zur Billigware greift, unterstützt weiterhin tierquälerische Mastfabriken und chemieintensiven Ackerbau. Und das nur, um nicht auf den winzigen Anteil versuchter Schummelei bei Öko-Produkten hereinzufallen!

Heutzutage können sich Kunden mehr denn je sicher sein, nicht mit solcher Pseudo-Ökoware hinters Licht geführt zu werden. Die Zeiten für Öko-Schwindel sind schlechter geworden, seit die EU-Verordnung für den ökologischen Landbau in Kraft getreten ist.[1] Lebensmittel, auf deren Etikett Begriffe wie „ökologisch" oder „Bio" benutzt werden, müssen bereits seit Jahren ein umfangreiches staatliches Kontrollverfahren durchlaufen.[2] Europaweit wachen neutrale Kontrollstellen darüber, daß wirklich auch „öko" drin ist, wo „öko" draufsteht. Neben umfangreichen Dokumentationen zum Produktionsablauf werden die Biohöfe durch angemeldete und unangemeldete Betriebskontrollen überwacht. Schwere Verstöße wie z.B. die Anwendung von Pestiziden oder Kunstdünger liegen im Promillebereich und führen zum sofortigen Ausschluß des Betriebes aus dem jeweiligen Anbauverband.

Das Problem sind jedoch nicht die wenigen Öko-Bauern, die ihre eigenen Vorschriften mißachten, sondern jene Erzeuger und

Verarbeiter, die den derzeitigen Bio-Boom nutzen und den Anschein erwecken wollen, ihre Lebensmittel seien von ökologischer Qualität.[3] Vorsicht ist geboten, wenn blumige Wortschöpfungen die geschützten Begriffe „öko" und „bio" umgehen. Formulierungen wie „Eier frisch vom Bauernhof" oder „naturnah erzeugt" sowie ländlich-idyllische Bilder auf den Verpackungen versuchen gesundes Landleben vorzutäuschen, um nicht selten von der Herkunft aus Agrarfabriken abzulenken. Auch Bezeichnungen wie „integrierter Anbau", „kontrollierter Anbau" oder „extensiver Anbau" benennen nur unterschiedliche Formen der *konventionellen* Landwirtschaft. Sie stehen jedoch nicht für eine konsequente ökologische Wirtschaftsweise!

Anerkannte Verbände der ökologischen Landwirtschaft in Deutschland

Bioland
demeter
Naturland
BIOPARK
Gäa Ökologischer Landbau
BIO KREIS
ÖKOSIEGEL
ANOG
ECOVIN

Noch höhere Qualitätsanforderungen als die EU-Verordnung stellen die verschiedenen ökologischen Anbauverbände wie Bioland, Naturland oder Demeter (*s. Abb.*). Weltweit werden die ökologischen Anbaurichtlinien durch die Internationale Vereinigung Biologischer Landbaubewegungen (IFOAM) erstellt und kontrolliert.[4] Dieser Dachverband, der bereits seit über 25 Jahren international für einheitliche Qualitätsstandards bei Öko-Produkten sorgt, vereint inzwischen bereits 700 Verbände und Institutionen in 105 Ländern.

Fazit: *Wie überall kann es auch bei Öko-Produkten einen gewissen Anteil versuchter Schummelei geben. Die offiziellen Prüfzeichen und rechtlichen Vorgaben, die anerkannten Warenzeichen sowie die Arbeit von unabhängigen Kontrollstellen garantieren jedoch, daß Öko-Bauern und -Verarbeiter einwandfrei wirtschaften.*

Quellen:

(1) H. Schmidt & M. Haccius: EU-Regulation Organic Farming. Weikersheim. Und: Dies.: EG-Verordnung „Ökologischer Landbau". Bad Dürkheim 1994.

(2) AgrarBündnis (Hg.): Der kritische Agrarbericht 2000, Kassel etc. 2000, S. 273-276.

(3) SÖL-Faltblatt: Pseudo-Bio. Wie erkennt man echte Bio-Lebensmittel? (Erhältlich über: SÖL, Weinstr. Süd 51, 67098 Bad Dürkheim).

(4) IFOAM: Basisrichtlinien der IFOAM. Tholey-Theley 2000 (Neuauflage alle 2 Jahre).

Anhang

„BSE und Öko-Landbau"

Die BSE-Krise hat die *strukturellen* Probleme der konventionellen Landwirtschaft (und die damit verbundenenen Kosten für die Allgemeinheit) überdeutlich werden lassen.[1] Immer stärker rückt daher der ökologische Landbau als ein Leitbild für die Ökologisierung der Agrarwirtschaft ins Zentrum der Aufmerksamkeit. Denn der Öko-Landbau bietet aufgrund seiner anderen Produktionsverfahren die größtmögliche Sicherheit für die Verbraucher, qualitativ hochwertiges Fleisch von gesunden Tieren zu sich zu nehmen.

Obwohl die Krankheit bereits Mitte der achtziger Jahre erstmals in England diagnostiziert wurde, weiß man bis heute nicht genau, wie sie erstmalig *entstanden* ist.[2] Mehr Klarheit herrscht hingegen bei der Frage, wie sich der Rinderwahnsinn epidemieartig *verbreiten* konnte. Hier werden vor allem zwei Infektionswege gesehen, die beide mit der unnatürlichen Fütterung der Tiere in der Intensiv-Landwirtschaft verbunden sind – und die der ökologische Landbau von Anfang an vermieden hat:

Tiermehlverfütterung

Rinder sind natürlicherweise Pflanzenfresser. Um ihre Leistung zu steigern erhalten sie in der konventionellen Landwirtschaft Kraftfutter, das – in Abhängigkeit vom Preis – auch Tiermehl enthalten konnte. Tiermehl besteht aus Knochen, Häute und Därmen aus Schlachthöfen und Tierkörperbeseitigungsanstalten sowie aus verendeten Tieren. Darunter auch Rinder, die mit BSE infiziert waren und die nun in pulverisierter Form ihren Artgenossen zum Fraß vorgelegt wurden. Angesichts der BSE-Krise ist die Verfütterung von Tiermehl an Wiederkäuer europaweit 1994 verboten worden. Dennoch fand man auch danach immer wieder Verunreinigungen mit Tiermehl im Futter – übrigens auch in Deutschland.

Im Ökolandbau ist die Verfütterung von Tiermehl verboten. Das war schon immer so, nicht erst seit BSE-Zeiten. Und zwar nicht nur aus Gründen des Verbraucher- und Tierschutzes, sondern auch aufgrund ethischer Erwägungen: Die Tiere in der Landwirtschaft sollen nicht ihre toten Artgenossen verfüttert bekommen. Statt Kadavermehl bekommen Tiere auf Biobetrieben folgendes zu fressen: Rauhfutter bzw. Grundfutter bestehend aus Heu, Gras und Silage sowie Kraftfutter, das aus Biogetreide (Weizen, Gerste), Mais und Eiweißträgern wie Erbsen und Ackerbohnen sowie verschiedenen Mineralstoffen zusammengesetzt ist. Die Erzeugung der Futtermittel erfolgt vorwiegend auf dem eigenen Hof, wodurch der Betriebskreislauf weitestgehend geschlossen ist. Zugekaufte Futtermittel müssen von anderen Bio-Betrieben stammen. Nur ein ganz geringer Teil (maximal zehn Prozent) darf bei Futtermittelknappheit nach vorheriger Kontrolle aus konventioneller Herkunft zugekauft werden. Dieses zugekaufte Futter darf jedoch – ebenso wie das hofeigene Biofutter – keine Bestandteile tierischer Herkunft aufweisen. Die Infektion mit BSE-haltigem Material ist damit ausgeschlossen.

Milchaustauscher

Neben dem Tiermehl gelten als zweiter Verbreitungsweg der Infektion die sog. Milchaustauscher. Statt mit hofeigener Vollmilch werden die meisten Kälber in der konventionellen Landwirtschaft mit zugekauftem, billigerem Milchaustauscher gefüttert. Dieses Pulver enthielt auch tierische Fette, die bei der Beseitigung von Schlachtabfällen und verendeten Tieren extrahiert wurden. Auf diesem Wege konnten auch Rinderfette von BSE-infizierten Tieren in die Mägen der Kälber gelangen und so zu einer frühen Infektion der Tiere führen.

Auf Biobetrieben werden Kälber in der Regel mit natürlicher Milch gefüttert, statt mit billigem Milchpulver. Nur in Ausnahmefällen erhalten die Kälber einen speziell angefertigten Bio-Milchaustauscher. Dieser besteht aus Bio-Milchpulver, rein pflanzlichen Fetten, Vitaminen und Mineralstoffen. Konventionelle Milchaustauscher, mit tierischen Fetten „angereichert“, waren und sind für Rinder auf Biobetrieben verboten.

Infektionsrisiken im Öko-Landbau

Obwohl der Öko-Landbau damit die beiden wichtigsten der bisher bekannten Übertragungswege von BSE konsequent vermeidet, gibt es auch für Ökobetriebe keinen hundertprozentigen Schutz vor BSE – auch wenn bislang in Deutschland noch kein Fall von BSE auf einem Biobetrieb gemeldet wurde. Warum kann auch der Öko-Landbau hier keine hundertprozentige Sicherheit bieten? Folgende Infektionswege sind denkbar (gewesen):

- Die meisten Öko-Betriebe haben vor der Umstellung auf biologischen Landbau konventionell gewirtschaftet. Bei der Umstellung müssen die Tiere auf dem Hof nicht verkauft werden, sondern können – sofern sie gemäß den Richtlinien ökologisch und artgerecht gehalten und gefüttert werden – nach einer Übergangsfrist als Öko-Rinder vermarktet werden. Aufgrund der langen Inkubationszeit von BSE wäre es daher denkbar, daß unter diesen Tieren auch ein infiziertes Tier aus vormals konventioneller Haltung ist. Inzwischen haben die drei großen Anbauverbände Bioland, Demeter und Naturland auf diese mögliche Schwachstelle reagiert: Ab Januar 2001 dürfen Rinder nur dann mit dem Bio-Label dieser Verbände vermarktet werden, wenn sie auf einem Bio-Betrieb bereits geboren und ohne Unterbrechung dort aufgezogen wurden. Die andere Anbauverbände werden – allein schon aus Gründen des Wettbewerbs – diesem Beispiel folgen.

- Die Nachzucht von Rindern auf Biohöfen kommt größtenteils vom eigenen Betrieb; zugekaufte Tiere stammen in der Regel aus anderen Bio-Betrieben. Um die Genetik einer Herde zu erweitern und Probleme der Inzucht zu vermeiden, ist es jedoch in Ausnahmefällen gestattet, auch aus konventionellen Betrieben Zuchttiere hinzuzukaufen (jedoch keine Masttiere!). Die Abstammung dieser Tiere muß eindeutig belegt sein. Da es bislang jedoch noch keine BSE-Tests am lebenden Tier gibt, war und ist nicht auszuschließen, daß auf diesem Wege ein infiziertes Rind auf einen Biobetrieb kommen kann.

Die Beispiele zeigen, daß man im ökologischen Landbau zwar rasch auf die Bedrohung durch BSE in der konventionellen Landwirtschaft reagiert hat. Gleichwohl kann man einen BSE-Fall auf einem Öko-Betrieb nicht ausschließen. Dies liegt jedoch nicht an den Grundsätzen des ökologischen Landbaus, sondern daran, daß es ihm bisher noch nicht gelungen ist, sein gesamtes Produktionssystem von der konventionellen Landwirtschaft abzukoppeln.[3] Der Ökolandbau ist keine autarke Insel im Meer der konventionellen Landwirtschaft. Aufgrund seiner noch geringen Größe und wirtschaftlichen Bedeutung steht er in Kontakt und Austausch mit der übrigen Landwirtschaft. Dies wird sich erst dann ändern, wenn statt zwei bis drei Prozent in absehbarer Zeit zwanzig und mehr Prozent der Fläche in Deutschland auf eine ökologische Kreislaufwirtschaft umgestellt wird.

Fazit: *BSE ist ein genuines Problem der konventionellen Landwirtschaft, ihrer überzogenen, artwidrigen Anforderungen an die Leistungen der Tiere und ihrer Verflechtungen im agrar-industriellen System. BSE ist nur auf indirektem Wege auch ein Problem des Ökolandbaus. Der ökologische Landbau bietet zwar keine hundertprozentige, dafür jedoch die größtmögliche Sicherheit für die Verbraucher. Und für all diejenigen, die den Öko-Landbau in der Vergangenheit „kleingeredet" haben: Wäre die Tierhaltung ausschließlich nach den Richtlinien des ökologischen Landbaus erfolgt, hätte BSE und damit die bisher größte Krise der europäischen Landwirtschaft nicht entstehen können.*

Quellen:

(1) Vgl. I. Soltwedel-Schäfer & K. Köster-Lösche: Das BSE-Komplott. Das Protokoll des kalkulierten Wahnsinns. (SÖL-Sonderausgabe Nr. 81) Bad Dürkheim 2001 sowie die Informationsschrift „Die BSE-Krise: Ökologischer Landbau als Alternative" (http://www.soel.de oder http://www.agoel.de).

(2) Gemeinsames Merkmal der Schafskrankheit Scrapie, der neuen Variante der Creuzfeldt-Jacob-Erkrankung sowie von BSE sind krankhaft veränderte Prionen. Neben der „Prionentheorie" gibt es noch weitere Entstehungstheorien von BSE, die Inzucht, Leistungsüberforderungen, Pestizide und andere Belastungsfaktoren für das Ausbrechen der Krankheit (mit-)verantwortlich machen.

(3) So auch die gemeinsame Erklärung von kritischen WissenschaftlerInnen: „Eine Neuorientierung der Agrarpolitik ist notwendig" (http://www.uni-kassel.de/fb13/agland/).

Weiterführende Literatur

AgrarBündnis (Hg.):Der kritische Agrarbericht. Daten, Berichte, Hintergründe, Positionen zur Agrardebatte. Kassel etc. (seit 1993 jährlich). (Bezug:ABL-Verlag, Marienfelderstr. 14, 33378 Rheda-Wiedenbrück)

Volker Angres, Claus-Peter Hutter, Lutz Ribbe: Futter fürs Volk. Was die Lebensmittelindustrie uns auftischt. München 2001. (ISBN 3-426-27203-2)

Enquete-Kommission „Schutz der Erdatmosphäre" des Deutschen Bundestages (Hg.): Schutz der Grünen Erde: Klimaschutz durch umweltgerechte Landwirtschaft und Erhalt der Wälder. (Dritter Bericht) Bonn 1994. (ISBN 3-87081-394-6)

Manon Haccius & Wolfgang Neuerburg: Ökologischer Landbau – Grundlagen für die Praxis. aid-Heft 1070. Bonn 1996. (ISBN 3-89661-223-9)

Liesel Hartenstein, Hermann Priebe, Ulrich Köpke: Braucht Europa seine Bauern noch? Über die Zukunft der Landwirtschaft. Baden-Baden 1997. (ISBN 3-78904-676-0)

Manfred Hoffmann: Lebensmittelqualität – Neu Erkenntnisse zu aktuellen Fragen. (SÖL-Sonderausgabe 62) Bad Dürkheim 1997. (ISBN 3-926104-62-7)

Frances Moore Lappé, Joseph Collins, Peter Rosset: World Hunger. Twelve Myths. (2nd ed.), New York 1998. (ISBN 0-8021-3591-9)

Jose Lutzenberger & Franz-Theo Gottwald: Wege aus der Ernährungskrise. Frankfurt am Main 2001, (1999 erstmalig erschienen unter dem Titel: Ernährung in der Wissensgesellschaft. Vision: informiert essen. (Buchreihe zu den Themen der EXPO 2000, Band 7), Frankfurt am Main / New York). (ISBN 3-426-27203-2)

Christa Müller: Von der lokalen Ökonomie zum globalisierten Dorf. Bäuerliche Überlebensstrategien zwischen Weltmarktintegration und Regionalisierung. Frankfurt am Main / New York 1998. (ISBN 3-593-36121-3)

Ingrid Reinecke & Petra Thorbrietz: Lügen, Lobbies, Lebensmittel: Wer bestimmt, was Sie essen müssen. München 1998. (ISBN 3-499-60596-1)

Jeremy Rifkin: Das Imperium der Rinder. Der Wahnsinn der Fleischindustrie. Neuauflage. Frankfurt am Main 2001. (ISBN 3-593-36806-4)

Manuel Schneider, Karlheinz A. Geißler, Martin Held (Hg.): Zeit-Fraß. Zur Ökologie der Zeit in Landwirtschaft und Ernährung. (Politische Ökologie, Sonderheft 8) 3. Auflage. München 2000. (ISBN 3-928244-14-0)

Beatrix Tappeser, Alexandra Baier, Birgit Dette, Hanne Tügel: Die blaue Paprika. Globale Nahrungsmittelproduktion auf dem Prüfstand. Basel / Boston / Berlin 1999. (ISBN3-76430-6066-6)

Hubert Weiger & Helga Willer (Hg.): Naturschutz durch ökologischen Landbau. (Ökologische Konzepte 95) Holm 1997. (ISBN 3-930720-60-4)

Helga Willer (Hg.): Ökologischer Landbau in Europa. (Ökologische Konzepte 98) Holm 1998. (ISBN 3-930720-89-2)

Internet

http://www.agoel.de

Homepage der „ArbeitsGemeinschaft Ökologischer Landbau“ (AGÖL) mit Links zu den anerkannten Anbauverbänden.

http://www.allesbio.de

Flächendeckende Informationen über Einkaufsmöglichkeiten in Deutschland für Öko-Lebensmittel und weitere Bioprodukte, aufgeteilt in Regionen und nach Postleitzahlen.

http://www.ifoam.org

Homepage der „International Federation of Organic Agriculture Movements“, dem weltweiten Dachverband aller Ökoverbände.

http://www.organic-europe.net

Ständig aktualisierte Informationen / Statistiken zum ökologischen Landbau in Europa mit Länderreporten und zahlreichen Links.

http://www.schweisfurth.de

Homepage der Schweisfurth-Stiftung mit Informationen zu Projekten und den landwirtschaftlichen Preisen der Stiftung.

http://www.soel.de

Homepage der Stiftung Ökologie & Landbau (SÖL) mit Informationen zu Projekten der Stiftung und zahlreichen Links zum Thema Öko-Landbau.

Weinstraße Süd 51
D-67098 Bad Dürkheim
Telefon (0 63 22) 86 66
Fax (0 63 22) 98 97 01

Stiftung Ökologie & Landbau